U0194956

藏在书架里的
百科知识

地球

EARTH

进子 / 编

化学工业出版社

·北京·

图书在版编目（CIP）数据

地球/进子编.—北京：化学工业出版社，2023.1
（藏在书架里的百科知识）
ISBN 978-7-122-42414-3

Ⅰ.①地… Ⅱ.①进… Ⅲ.①地球-少儿读物

Ⅳ.①P183-49

中国版本图书馆CIP数据核字（2022）第198742号

责任编辑：龙　婧　　　　　　　　　责任校对：边　涛

出版发行：化学工业出版社（北京市东城区青年湖南街13号　邮政编码100011）
印　　装：北京尚唐印刷包装有限公司
889mm×1194mm　1/16　印张5　2023年4月北京第1版第1次印刷

购书咨询：010-64518888　　　　　　售后服务：010-64518899
网　　址：http://www.cip.com.cn
凡购买本书，如有缺损质量问题，本社销售中心负责调换。

定　　价：58.00元

前言

地球，是我们目前唯一的家园。自它诞生之日算起，地球大约已经有46亿岁了。亿万年间，地球经历了沧海桑田的巨变，孕育出了奇妙的景观、多彩的生命，也留下了无数的谜团。

我们生活在地球上，但你真的了解它吗？你知道最初的地球什么样吗？它经历了哪些变化？你知道我们脚下的大陆正在慢慢漂移吗？板块如果撞在一起会发生什么？你知道什么是水循环吗？海洋、高山、沙漠、森林……不同的风光之中又有哪些奥秘？

怎么样？你想了解地球的秘密吗？那还等什么，跟我们一起走进《地球》一书，领略地球上的不同风景，探索更多关于地球的奥秘吧。

目录

1　地球起源

2　地球内部结构瞧一瞧

4　交替的昼与夜

6　"拽"着我们的引力

8　从岩浆到海水

10　生命出现啦！

12　那些年活跃的古生物

16　我们，人类

18　大洲与国家

20　认识世界地形

22　陆地在漂移

24　板块碰撞与地震

26　水的冒险之旅

28　喷吐热浪的火山

30　间歇泉：在休息与喷发间轮回

32　石头变成沙

34　宝贵的矿石

36　黑漆漆的煤

38　环保的天然气

40　草原：天苍苍，野茫茫

44　生机勃勃的森林

48　野性的热带雨林

52　地球之肾——湿地

54　荒蛮的沙漠

58　冰原：极端环境

60　江河湖泊趣味多

62　多姿多彩的海洋

64　滑坡与泥石流

66　地面沉降和塌陷

68　土壤变"坏"了

70　水土在流失

72　患病的地球母亲

76　保护地球，人人有责

地球起源

地球是目前已知唯一有生命存在的天体，也是我们人类赖以生存的家园。那么，地球是如何形成的呢？这就要从很久很久以前说起……

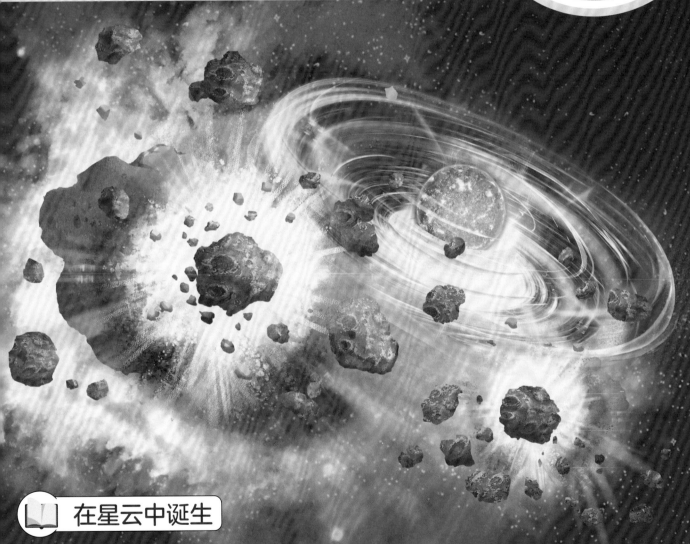

在星云中诞生

对于地球的起源，科学家们提出了各种假说。其中比较著名的就是"星云说"。大约在50亿年前，一个名叫"太阳星云"的球状星云不断旋转，把自己转成了盘子状。"盘子"的中心形成了太阳，太阳周围的碎片形成了许多小行星。小行星们就像在开碰碰车，经常会撞在一起，然后聚合成更大的行星。就这样不断碰撞、聚合，最终聚合成环绕太阳运行的大行星（包括原始地球在内）。

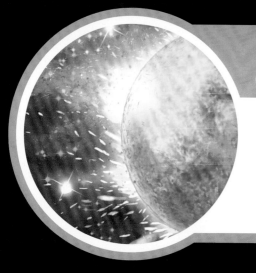

地球内部结构瞧一瞧

你可以把地球想象成一颗鸡蛋，鸡蛋有蛋壳、蛋白和蛋黄，地球也可分为地壳、地幔和地核三层结构。

厚度不一的地壳

地球的地壳相当于鸡蛋的蛋壳，但如果把这层"蛋壳"一片片剥下来，你会发现每片地壳的薄厚都不一样。高山、高原地区的地壳厚度能达到70千米，海底峡谷的地壳厚度有的只有1千米，平均下来，地壳的厚度约为17千米。

炽热的地幔

地壳的下层就是地幔，这里无论是温度、密度还是压力都出奇的高，并且随着深度增加呈递增趋势。地幔分为上、下两层，厚度约2900千米。地幔是由致密的造岩物质构成的，由于地球内部热量很高，这里的物质像玩具黏土一样具有可塑性。

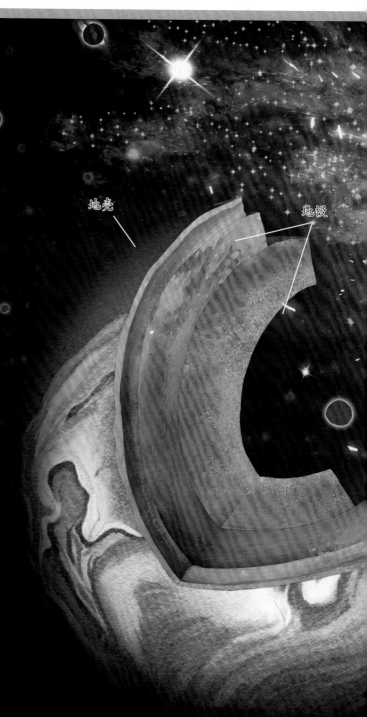

地壳

地幔

📖 地球的核心

　　穿过地幔，就到了地球的最内层——地核。这里是地球的核心，主要由铁和镍两种元素构成，平均温度高达 5500℃。

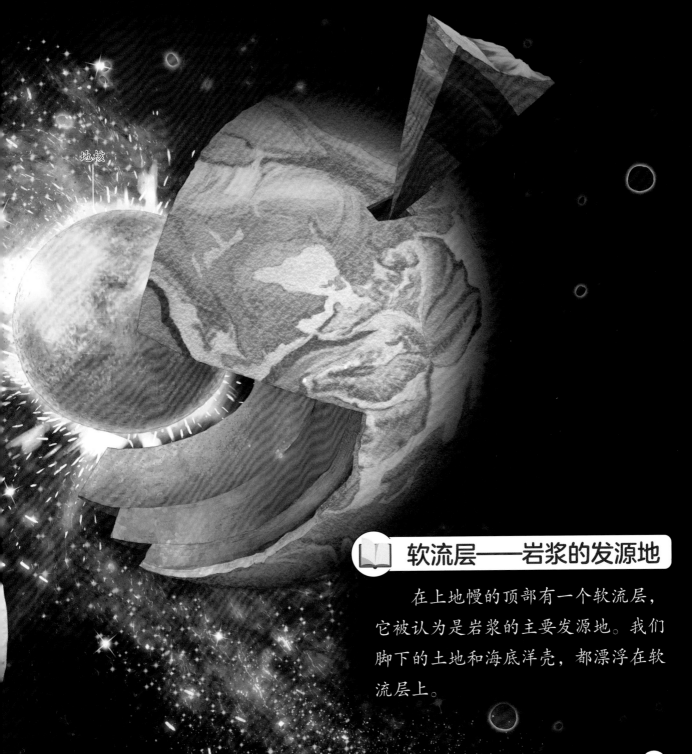

地核

📖 软流层——岩浆的发源地

　　在上地幔的顶部有一个软流层，它被认为是岩浆的主要发源地。我们脚下的土地和海底洋壳，都漂浮在软流层上。

交替的昼与夜

太阳每天清晨从东方升起，傍晚从西方落下，然后换月亮在夜空中"值班"。太阳与月亮日复一日地交替"上岗"，我们的一天就有了白天与黑夜的变换。

月亮一直在身边

其实，月亮并不只在夜晚升起，它在白天时也挂在天空中，只不过因为太阳的光芒遮住了它的身影，所以我们只能在天气晴朗的夜晚看到月亮。月亮本身不会发光，但它可以反射太阳光，这才有了皎洁的月光。

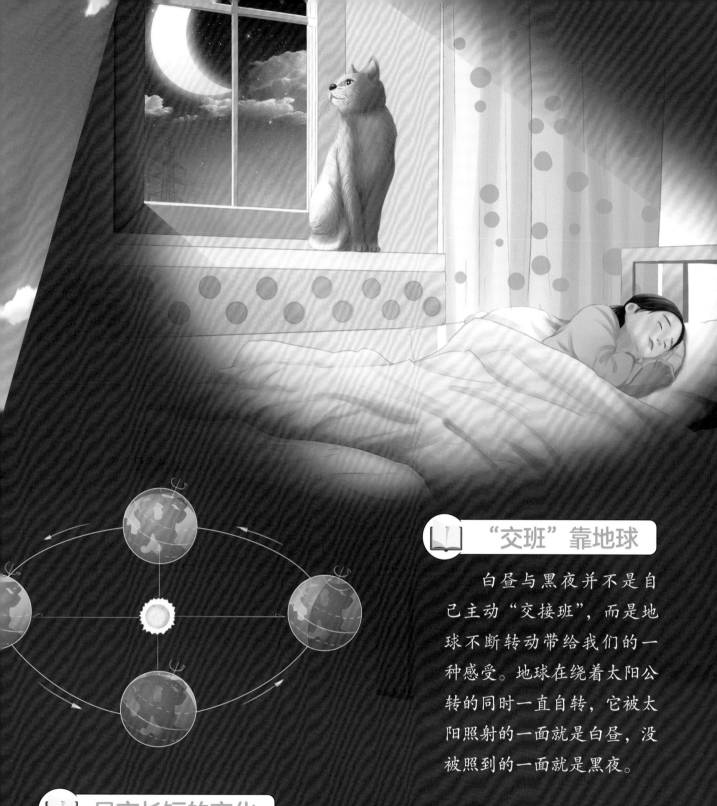

"交班"靠地球

白昼与黑夜并不是自己主动"交接班"，而是地球不断转动带给我们的一种感受。地球在绕着太阳公转的同时一直自转，它被太阳照射的一面就是白昼，没被照到的一面就是黑夜。

昼夜长短的变化

因为地球公转轨道面与赤道面之间存在黄赤交角，地球公转的过程中太阳直射点会南北移动，昼弧、夜弧的长短随之改变，这意味着地球的昼夜长短也会发生变化。在每年夏至日，北半球的白昼全年最长、黑夜全年最短，随后白昼逐日变短，黑夜逐日变长，到冬至日这天达到昼最短、夜最长。南半球的变化与北半球相反。而南极和北极，还会出现极昼和极夜的现象。

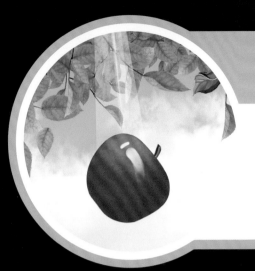

"拽"着我们的引力

为什么地球公转和自转的速度这么快，却不会脱离轨道？为什么所有人都能站在地面，而不会"掉"进太空？这两个问题有一个共同的答案——引力。

什么是引力？

我们要感谢伟大的英国物理学家牛顿，是他最早提出了"万有引力"的理论。牛顿认为，自然界中的所有物质之间都存在相互吸引的力量，也就是"引力"。物质的质量越大，引力越大；物质之间的距离越远，引力越小。

太阳"拽"地球

太阳的质量是地球质量的 33 万倍，它的引力足以将地球"拽"到自己身边。又因为地球一直在绕太阳公转，快速公转产生的离心力和太阳的引力相制衡，地球就不会因为太靠近太阳被烧毁，而是可以安安稳稳地在轨道上运行。

地球"拽"我们

地球本身的质量就很大，因此它对表面的物体都产生了不小的引力。引力的方向是向着地球中心的，因此地球的引力又可以称为"地心引力"。人能站在地球这个"球"上，海洋里的水不会"洒"进太空，苹果会落到地面……这都是因为地心引力在起作用。

从岩浆到海水

地球美丽而富饶，有着相对稳定的生态系统，是我们和其他生物赖以生存的家园。但最初的地球可不是现在这样，那时的地球，与其说是"家园"，倒不如说是"炼狱"。

📖 一个岩浆球

　　45亿～46亿年前，刚诞生不久的地球和现在极不一样。那时的地球没有陆地、没有水，更没有氧气，而且它温度极高，大约有1200℃，遍地都是火山喷发出的炙热熔岩……二氧化碳、硫化氢、甲烷、氢气等气体和水蒸气随火山喷发一同而出，构成了原始的大气层。

📖 最初的海洋

　　原始地球的温度一直在下降，令熔岩冷却凝固，形成了坚硬的地表，也令原始大气中的水蒸气凝结成雨滴，降落到了地面上。这个过程可能持续了几千年，一场场大雨冲刷着地表，聚积在低洼的地方，逐渐形成河流与湖泊。这些水最后汇集在地表最低的区域，形成原始海洋。

📖 忒伊亚的撞击

　　原始地球不断遭受陨石和其他天体的无情袭击，其中一颗名为"忒伊亚"的星球以极快的速度撞向地球，"砰"地一下扭曲了地表，产生了巨大的冲击波。大量碎片喷向太空，在地球周围形成一圈碎石"腰带"。我们的好邻居——月球，就是由这圈碎石结合而成的。

生命出现啦！

早期的地球环境恶劣，但好在原始海洋出现了。不用急，原始海洋会将最早的生命孕育出来，让地球逐渐变得生机盎然。

📖 富含营养的"有机汤"

无法否认的一点是，正是恶劣的自然环境为地球带来了生机。电闪雷鸣、火山爆发、宇宙射线等催化了有机物质的合成，有机物又经雨水冲刷淋入原始海洋，原始海洋就变成了富含氨基酸、核酸、多糖、脂类等有机分子的"有机汤"。

📖 合成细胞

有机分子在海洋里每天做的事情，就是复制出另一个自己，并和其他有机物发生化学反应。在经历无数次的复制和化学反应后，有机分子发生了变异，从而创造出了生命最基本的单元——细胞。

由简单到复杂

大约在 38 亿年前，最初的生命——单细胞生物诞生了。单细胞生物包括古细菌、真细菌和一些原生生物，它们只由一个细胞构成，却可以完成进食、排泄、运动、生殖等生命活动。从最原始的单细胞生物开始，生命经历了漫长的演化，逐渐从简单的结构发展出多种多样的复杂生命。

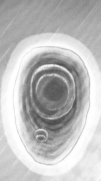    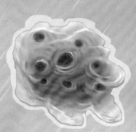

酵母菌　　　　草履虫　　　　衣藻　　　　眼虫　　　　变形虫

单细胞真核生物

那些年活跃的古生物

因为生命的出现，地球终于变得多姿多彩起来。数不胜数的生物登上了演化舞台，你方唱罢我登场，好不热闹！现在，让我们认识几位曾经活跃在演化舞台上的"重要角色"吧！

📖 三叶时代——三叶虫

三叶虫出现在寒武纪时期，在地球上繁衍了3.2亿多年后，在二叠纪末灭绝。在漫长的时间里，三叶虫演化出了1万多个种类，每种三叶虫都有一个共同的特点：背甲大致分为三片——轴叶一片，肋叶两片。

📖 鱼中之霸——邓氏鱼

邓氏鱼是泥盆纪时期海洋里的顶级掠食者，体长可达10米，体重约4吨。它的咬合力极强，当时有硬壳的无脊椎动物和当时的鲨鱼都是它的食物。

千足巨虫——巨型马陆

距今约 3.59 亿年至 2.99 亿年的石炭纪，有着茂密的森林和丰沛的氧气，因此这一时期的节肢动物都长得特别大。例如巨型马陆，它体长约 3 米，脚多达 200 对。在当时的陆生动物中，很少有谁比它还大。

鳞木：是食物也是形成煤炭的原料

鳞木是石炭纪密林里最具代表性的树木之一，它扎根土地时是植食动物的鲜嫩口粮，死亡倒伏后又是形成地下煤炭的重要原料。

长牙、利齿的剑齿虎

剑齿虎生活在距今约 300 万年到 1.5 万年前的北美和非洲大陆，是史前大型猫科动物之一，它最大的特点就是有一对即使合上嘴也藏不住的尖锐犬牙。这对犬牙有 12 厘米长，若是刺入猎物的喉咙，很快就会令猎物流血而亡。

猛犸象不怕冷

猛犸象生存的时代正好是气候寒冷的更新世，它长长的体毛和厚厚的脂肪可以抵御严寒。亚欧大陆的原始人类将猛犸象作为猎物，剥下它们的皮毛用来做衣裳。最终，猛犸象完全灭绝了。

曾经的世界霸主——恐龙

所有古生物中，没有谁比恐龙更有存在感了。从三叠纪到侏罗纪，它们称霸大陆1.6亿年之久，演化出了令人惊叹的繁多种类。虽然是爬行动物，但许多恐龙都可以用两足行走，有些恐龙甚至可以在林间滑翔。

长脖子的蛇颈龙

蛇颈龙不是恐龙，只能算恐龙在海洋中的爬行纲"远亲"。它的头和脖子纤长而灵活，与蛇的类似；身体却像乌龟，四肢为鳍脚，尾巴短小，是与恐龙同时代的海洋霸主之一。

我们，人类

大约在距今 6500 万年前，一场突如其来的灾难令恐龙消失得无影无踪。被恐龙主宰的时代过去了，哺乳动物兴盛起来，接下来轮到人类称霸地球了。

从古猿开始

在距今大约 2000 多万年前，灵长类动物演化出了一个新的种属——古猿。它们生活在森林里，群居在树干上，后来因为环境的变化不得已到草原生活。从古猿的双脚站在地面的那一刻起，他们便踏上了向现代人类进化的道路。

不断进化

来到地面的古猿为了适应环境，学会了双脚直立行走，并开始打磨、制作石器等工具进行狩猎。在长期的行走和劳动中，古猿的身体越来越灵活，大脑也越来越发达，逐步进化为能人、直立人、智人，最终演化成了现代人类。

创建文明世界

原始人类进化到智人阶段时，制造石器的技艺已经提高了一大截，他们还掌握了人工生火、磨制骨针、缝纫衣物、建造房屋、蓄养牲畜、捕鱼狩猎等技艺，生产水平和文化水平都达到了相当高的程度。文明之光被点亮了！此后，人类运用智慧不断进步，创建了一个文明世界。

大洲与国家

地球大约 70.8% 是海洋，29.2% 是陆地。这 29.2% 的陆地分成了 7 个不同的大洲，人类定居在除南极洲之外的 6 个大洲上，建立了不同的国家和地区。

📖 按大小，排排坐

全球七大洲分别是亚洲、欧洲、非洲、北美洲、南美洲、大洋洲和南极洲。按照面积大小依次排列，亚洲是世界第一大洲，人口约 45.5 亿（2021 年）；非洲排第二；北美洲和南美洲分别位居第三和第四；第五名到第七名依次为南极洲、欧洲和大洋洲。

📖 大洋洲：地小、人少、国家多

  大洋洲是被海洋环绕的最小大洲。这里地方不大，人也少，共有20多个国家和地区。在这些国家和地区中，只有澳大利亚的国土覆盖了整个大洋洲大陆，其他国家和地区大多分布在大洋洲的岛屿上。

📖 无人定居的"白色荒漠"

  南极洲就像一片白色的荒漠，常年刮着凛冽的寒风，整个大陆几乎全被冰川覆盖，只有2%左右的地方可供动、植物生长。没有常住居民定居在南极洲，到访的大多是进行科学考察的科研人员和捕鲸队。

认识世界地形

真实的地球并不像地球仪那么圆滑，地表有高有低，有起有伏，主要呈现五种不同的形态。这五种地形分别是平原、丘陵、山地、高原与盆地。

📖 平原和丘陵

　　平原在海拔200米以内，地形平坦宽广，地势几乎没有大的起伏，而且平原大多土壤肥沃，水源充足，所以人们会在平原上种植庄稼。远远望去，平原地区绿油油一片，就像给大地铺了一层地毯似的。丘陵的海拔要比平原高一些，但也不高于500米，它由连绵的低矮山丘构成，但地势起伏不大，坡度缓和，只是道路比较崎岖，没有平原那么好走。

山地指的是海拔在 500 米以上的巍峨群山，通常山势陡峭，蜿蜒起伏。如果海拔在 500 米以上，但地势平坦宽阔、起伏不大，那么这种地形就是高原。不论是高原还是山地，都因为海拔较高而含氧量少、气压低，人身处这两种地形中容易患上"高原综合征"，出现呼吸困难、头痛等症状。

好大一个"盆"——盆地

　　看到"盆地"这两个字，你可能就猜到了，这种地形就像地球表面凹下去的"大盆"，中间低，四周高。在发生地壳运动时，地下岩层受到挤压变得弯曲或受到拉伸而断裂时，就会令一部分岩石隆起，另一部分岩石下降。下降的岩石被隆起的岩石包围，就形成了盆地。

陆地在漂移

说出来你可能不信，我们脚下的陆地其实一直在移动。从形成伊始到今天，陆地一直在以微不可察的速度缓慢漂移着，历经数十亿年演变成了现在的模样。

凭什么这么说？

1912年，德国地球物理学家魏格纳提出"大陆漂移说"这一观点。他发现世界地图上的南美洲东海岸和非洲西海岸可以大致吻合地拼在一起。后来人们还发现，南美洲一个海岸的岩层与非洲相应位置海岸的岩层相同，两个大陆都有同一种植物或动物的化石。这些发现似乎表明，大陆曾是一个整体，后来才慢慢漂移分离。

大陆漂移的证据

1. 海牛和鸵鸟都没有远涉重洋的能力，但在南美洲和非洲都有分布。

2. 非洲某一处海岸的岩层和南美洲相应位置的海岸岩层相同。

3. 生活在2亿年前的中龙是一种爬行动物，中龙的化石分别在南美洲和南非的地层中发现，而迄今为止在世界上其他地区都未曾发现过。

4. 生活在2亿～3亿年前的舌羊齿植物，它的种子无法漂洋过海，但它的化石却出现在南亚次大陆、澳大利亚大陆、非洲、南美洲及南极洲，由此可见，过去这些地方所在的大陆是彼此连接在一起的。

中龙

舌羊齿植物

从泛大陆到七大洲

地质学家认为，在寒武纪时期，地球上古老的陆块是一块完整的超级大陆——罗迪尼亚泛大陆，这是当时地球上唯一的大陆。随着时间的推移，泛大陆不断分裂又重组，在距今约2.99亿年至2.51亿年前形成了盘古大陆，盘古大陆再分裂，渐渐形成了现在的七大洲。

仍在漂移着

虽然你感觉不到，但大陆仍在漂移着。据研究发现，亚洲、非洲、欧洲目前正慢慢向彼此靠近，位于三个大洲之间的地中海变得越来越小。科学家们推测，各大洲会在大约5000万年到2亿年内合并成一个新的超级大陆——美亚大陆。

板块碰撞与地震

也许你会奇怪，陆地究竟是在什么之上进行漂移的？为什么陆地会漂移呢？对于这些问题，科学家们给出了答案。

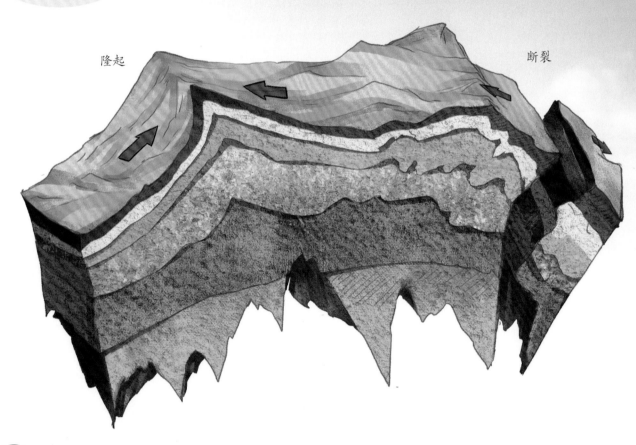

隆起

断裂

📖 板块

魏格纳提出了"大陆漂移学说"。他认为，我们脚下的地壳轻而薄，漂浮在黏稠的岩浆之上，并受到月球潮汐力和地球自转离心力的双重作用，所以会分裂、漂移。后来，多位地质学家又提出了"板块构造学说"，他们认为，地球表层分为六大板块，这六大板块漂浮在软流层上，随着软流层的流动做相应的水平运动。

板块的运动

　　全球板块以每年1～10厘米的速度移动着，当两个板块相互远离，板块之间的裂口就会形成裂谷或海洋；当两个板块相互靠近，较薄的板块会被挤到较厚的板块下面，令地壳隆起，形成高大的山脉。

不好啦！地震啦！

　　在两个板块发生碰撞和挤压时，板块边缘和内部会产生错动和破裂，导致地震发生。地震是一种可怕的地质灾害，一旦发生，轻则令大地震动，重则导致地面分裂陷落，甚至引发山洪、泥石流和海啸等自然灾害。

水的冒险之旅

地球上的每一滴水都像是冒险家，它们可以变换形态升到高空中探险，再从天空中勇敢地落下。想知道水是怎么做到的吗？那就和水一起来一场冒险之旅吧！

水汽输送

地表径流

下渗

下渗

地下水

小水滴变身

在常温、常压的条件下，水是以液体形态存在的。当气温升高，水会缓慢蒸发成水蒸气。水蒸气降温散热，又能凝结成液态水。若是水的温度降到0℃以下，就会凝固成固态的冰。冰增温吸热，则能融化成水。

循环往复的旅程

　　水是通过"变身魔法"进行冒险之旅的：海洋表层的海水蒸发变成水蒸气，水蒸气升到空中变成云，云又在风的吹动下飞到陆地上空，遇冷形成雨、雪或冰雹降落到陆地。其中一部分降水汇入地表的江河湖泊，另一部分降水渗透到地下，成为地下水。这些水最终都会再次回到大海。

 ## 海陆间的传送带

　　水的循环就像一条永不停息的传送带，通过这条传送带，海洋可以源源不断地输送淡水给陆地，让陆地上的生物有可利用的淡水资源。

喷吐热浪的火山

地球内部流淌着滚烫的岩浆，每当压力过大，岩浆都会游走到距离地表最近的薄弱点，然后一股脑儿地从地下冲出来，这就是火山喷发。

📖 "解剖"火山

火山的结构并不复杂，只有三个部分：火山口、火山通道以及火山锥。火山口是火山的"出气口"，岩浆会从这儿涌出。火山通道是条单行道，岩浆与其他物质从这儿一去不回。火山锥是最外层的山体，是喷出物冷却后日积月累形成的。

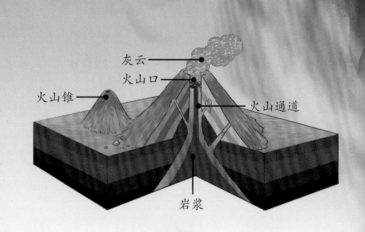

灰云
火山口
火山锥
火山通道
岩浆

火山的喷吐物

除了流动的岩浆外，火山里还会喷出其他物质。有在喷发时受到各种力的影响，在半空冷却、凝固的火山弹；也有由碎石和各种细碎矿物岩石构成的火山灰；还有大量对生物有害的毒性气体。

火山类型

"火山班级"有三类学生：一种活泼好动，时常会喷发一下显示自己的存在感，名叫活火山；另一种虽然长期没有喷发，却在历史上有过喷发记录，也还存在活动迹象，名叫休眠火山；最后一种只剩下火山的空壳子，内部已然丧失活动能力，名叫死火山。

间歇泉：
在休息与喷发间轮回

间歇泉是多在火山运动活跃地区出现的温泉。每隔一段时间，它就会猛地喷出壮观的滚烫水柱，上演精彩的"喷泉秀"。

揭秘：间歇泉如何喷发？

就像在烧锅炉，地下的岩浆将地层中的水烧得滚烫，大量的水化作水汽。水汽沿着岩石层的裂缝不断上升，随着温度的下降，又凝结成了温度很高的水。这些高温水与地层上部的地下水交汇，在压力作用下不断上升，最终冲出地表，向着天空喷发。

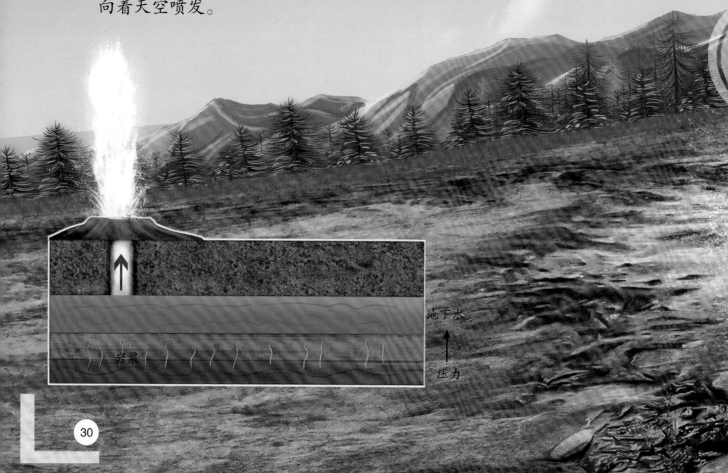

地下水

岩浆

压力

表演有时限

间歇泉的"喷泉秀"不会持续上演，因为高温的泉水在喷发出来后温度会下降，受到的压力也降低不少。这样一来，喷发就会暂时停止，等到地下再次积蓄好能量后，新一轮的"演出"就会开始。

奇异的沉积物

间歇泉喷出的泉水中含有大量的矿物质，在泉水蒸发或重新渗入地表后，这些矿物质会留下来，形成奇形怪状并有着艳丽色彩的沉积物。有的沉积物甚至会堆成一座小山，间歇泉就从小山的山顶上喷射出来。

石头变成沙

你知道成语"水滴石穿"吗？水只要坚持不懈地滴在石头上，再坚硬的石头也能被滴穿出孔。要是水再努力一点，风也来帮帮忙,石头最终还会变成沙土呢。

侵蚀的力量

如果一块岩石不断受到流水的冲刷和水中携带的泥沙、碎石的破坏，那么长此以往，岩石就会溶解、破碎，逐渐化为微小的沙砾，然后随水流到别处沉积下来，形成沙滩或水底的泥沙。这就是流水的侵蚀作用。除此之外，冰川、海浪、风等也具有侵蚀的力量。

土壤也是石头变的

风吹、日晒、雨淋、冰冻，甚至是植物的侵袭，对岩石来说都不可怕，但若是长期遭受这些"折磨"，岩石最终是会受不了的。它会自己崩解、破碎，形成疏松的风化壳。风化壳再形成土壤母质，在气候、生物、地形、人为开垦等多种因素的作用下形成土壤，供植物生长。

　　世界上很多地方都有风、雨、流水等侵蚀留下的景观：在雅丹地貌中，矗立着一个个"大脑袋"，它们是在风吹日晒下形成的风蚀蘑菇；喀斯特地貌中，在流水的长时间冲蚀下，石灰岩地层在地表形成石林、石芽等，在地下则形成地下河、溶洞、石笋、钟乳石……

宝贵的矿石

你知道漂亮的玛瑙、名贵的祖母绿、珍稀的黄金以及细小的铜线有什么共同点吗？悄悄告诉你，它们都是从看似其貌不扬的石头——矿石中开采出来的。

矿石的形成

矿石实际是地球上的化学元素在各种地质作用下运移、聚集后形成的。有的化学元素存于岩浆中，岩浆冷却成岩石就形成了矿石；有的化学元素存于气液或热液中，气液或热液渗入岩石的裂缝中冷却下来，也可以形成矿石；还有的是生物的遗体沉积到一块儿，形成了生物矿石。

是否为金属

具有金属属性的矿石就是金属矿，它们经过冶炼后可以提炼出金属，例如我们常见的铜、铁等。除金属矿以外的矿石统称为非金属矿，许多珍贵的宝石都是从非金属矿中开采出来的，例如清透的水晶、滑润的玉石，以及"一颗永流传"的钻石等。

天然的工艺品

矿石绝大部分是晶质的固体，一些矿物的单晶体小到用显微镜才能看到，一些矿物的单晶体用肉眼就能清楚地看到是粒状的、柱状的、片状的还是其他形状的。许多矿石的单晶体还会像搭积木似的形成各种几何形状的晶簇，令矿石还没有经过雕琢，就已经像一件巧夺天工的工艺品了。

黑漆漆的煤

煤是大自然赐予我们的储量丰富、分布广泛的化石燃料，别看它外表黑漆漆的，但论价值，它与黄金一样宝贵，被誉为"黑色的金子"。

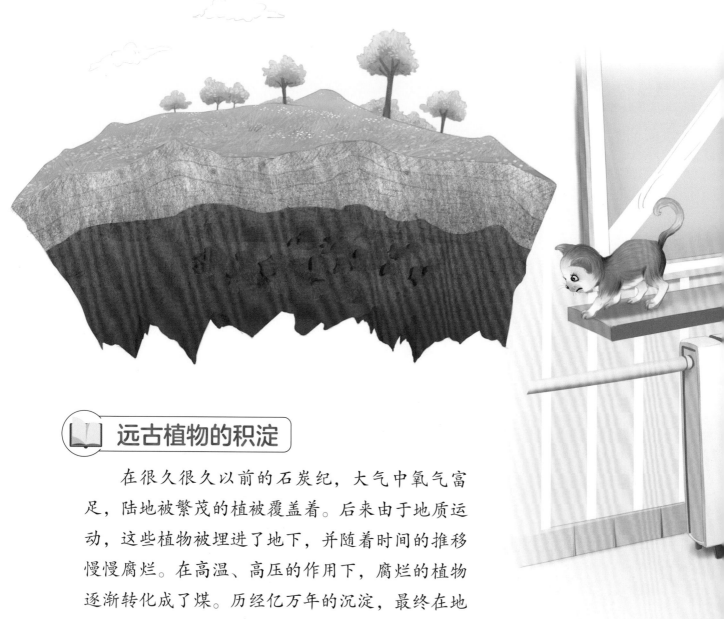

远古植物的积淀

在很久很久以前的石炭纪，大气中氧气富足，陆地被繁茂的植被覆盖着。后来由于地质运动，这些植物被埋进了地下，并随着时间的推移慢慢腐烂。在高温、高压的作用下，腐烂的植物逐渐转化成了煤。历经亿万年的沉淀，最终在地下形成了储量丰富的煤炭资源。

煤的用途多

煤是人类社会使用的主要能源之一，燃烧煤炭可以生火、发电、取暖、冶炼金属、合成各种化工材料等。将煤灰、煤渣与水泥、玻璃、砖、瓦等建筑材料掺在一起，还能用来搭建各种建筑。

污染是难题

组成煤的主要成分是氢、氧、碳、硫、氮等化学元素，其中硫在燃煤时会被氧化成有毒气体二氧化硫，二氧化硫随着烟气排放到大气中就会造成空气污染。此外，在开采煤炭的过程中，还会造成地表塌陷、水污染、植被破坏等问题，开发时产生的固体废弃物大量堆积，也会造成环境污染。

环保的天然气

和黑乎乎的煤一样，天然气也是一种可靠的燃料。虽然它们都产于地下，但和燃烧时污染较大的煤相比，无色无形的天然气要更加环保。

怎么形成的？

天然气是大自然给予人类的馈赠，是宝贵的自然资源。那它到底是怎么形成的呢？科学家认为，一部分天然气是亿万年前的各种有机物质死亡后，经过漫长时间的分解形成的；另一部分则是各种地质活动的产物，比如岩浆活动等。

海洋生物死亡

层层泥沙掩埋

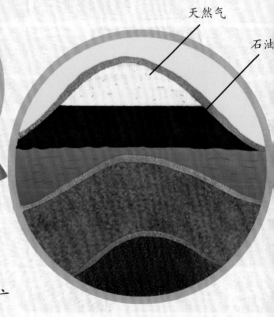

天然气

石油

有用的天然气

天然气是一种干净、清洁的燃料，不仅被广泛应用于日常生活中，比如城市供暖、做饭炒菜、交通运输等，还对工业生产有着重大帮助。

种类多样

　　科学家根据天然气出现位置的不同，将它分成气田气、油田气、泥火山气、煤层气、生物生成气等。前两者在"天然气家族"里占大部分，一是来自气田，一是与石油伴生。另外几种的来源杂七杂八，有的是"出生"在煤层，有的是有机物分解后的产物，还有的是从泥火山喷发出来的。

草原：天苍苍，野茫茫

一提到草原，你的脑海里是不是浮现出"绿草如茵，牛羊成群"的场景？事实上，作为地球上分布范围最广的植被类型，草原的生态环境还是很复杂的。

📖 草原类型之分

你知道吗？很早以前，陆地上是没有草原的，大约在恐龙灭绝以后，它才正式登上演化舞台。如今的草原已经遍布全球，人们依据气候、温度以及植被的不同把草原分成了两大类：热带草原和温带草原。

📖 热带草原欢迎你

热带草原主要位于热带地区，其中非洲中部的热带草原最为典型。虽然名字是热带草原，但这里仍然稀疏分布着一些树木。热带草原的气候很简单，只有雨季和旱季。雨季时，降水充沛，植被茂密，郁郁葱葱；旱季时，烈日当空，雨水稀少，满目枯黄。

野兽明星

　　辽阔的热带草原是食草动物和食肉动物的理想乐园。快看！高大的树木下，长颈鹿正伸着长长的脖子嚼着高处的树叶；有着黑白相间条纹的斑马亲昵地蹭着彼此的脖子；不会飞的鸵鸟则迈着粗壮的大长腿在散步；不远处的草丛里埋伏着饥饿的狮子；几只狡猾的鬣狗则躲在远处伺机而动；秃鹫在天上盘旋，在等待时机去"清扫"一会儿可能出现的尸体……

比想象的要干旱

在很多人的印象里，温带草原气候适宜，水草丰茂。但事实上，草原大多位于气候比较干旱的大陆腹地，一年到头只有夏季降雨比较多。正是由于这种比上不足比下有余的气候环境，才使草得以大量生长，形成了辽阔的草原。

 ## 草：顽强的生命

草的生命力在整个植物世界里也是数一数二的。它能适应各种恶劣的环境，就算面临严重的干旱、霜冻，甚至直接被烈火焚烧，只要扎在地下的根系没有损坏，那么草很快就能再次焕发生机。就像白居易在诗句里描绘的那样：野火烧不尽，春风吹又生。

丰富多样的物种

　　温带草原上生活着大量动物。温驯的牛、羊安静地吃草；活泼的野马在旁边奔跑；饥饿的野狼埋伏在草丛中蓄势待发；机警的灰兔在草丛中探头探脑，却没注意到狡猾的狐狸正迈着轻巧的步子悄悄接近；而在很少被人注意的地下，啮齿类动物正精心营建着它们的"地下王国"……

生机勃勃的森林

如果把我们脚下的地球比作人体，那么郁郁葱葱的森林就相当于地球母亲的肺。我们之所以能生存在地球上，森林起了不可忽视的作用。

不同的森林

作为陆地上重要的植被类型，森林有许多种类。如果按气候带划分，森林可以分为常年高温湿润的热带雨林、四季更迭明显的温带森林，以及生长在高纬度地带且耐寒耐旱的寒带森林。除此之外，森林还有很多划分方法，比如根据发育程度、树种类别等。

森林，了不起

　　森林被认为是"地球之肺"，之所以有这个美称，是因为森林里的树木会通过光合作用吸收大量二氧化碳并释放氧气，来维持大气中氧气和二氧化碳的平衡。另外，森林还是天然的"吸尘器"，能吸附空气中的污染物。不仅如此，森林还能稳固土壤、防止水土流失、防风固沙。这样看来，森林可真是了不起呢！

随季节变化

　　热带森林好热，寒带森林好冷，还是温带森林的气候适中，没那么极端。不过，这里的树木会和人类一样，经历春夏秋冬，感受四季的变换。春夏两季的时候，植物会自由生长，努力积蓄营养；等到秋天和冬天，再养精蓄锐，保存体力；到了来年春天，再次生长。

高大的树与美丽的花

　　在森林里，除了随处可见的草地以外，更多的还是各种高大、粗壮的树木以及绚丽、优雅的花儿。四季常青的松柏，轻盈飘逸的柳树，芳香扑鼻的香樟，坚韧不拔的白杨，傲雪凌霜的梅花，淡泊、雅致的野菊花，浪漫迷人的翠雀花……这些"居民"一同构建了生机盎然的森林世界。

森林王国里的动物居民们

新的一天开始了，森林里变得热闹起来。瞧！黄鹂站在枝头开"演唱会"；啄木鸟用尖嘴"咚咚"地敲着树干，在为大树看病；蝉趴在树上没完没了地鸣叫；松鼠在树洞里探头探脑；勤劳的蜜蜂们在巢穴进进出出；蜜獾蹲在树下，望着挂在枝头的蜂巢馋涎欲滴；几只狍子活力四射地在草地上蹦蹦跳跳；刺猬披着一身尖刺在草地上慢吞吞地挪动；凶猛的老虎则伏在灌木里伺机扑向猎物……

保护森林

一直以来，人们为了生产生活，对森林进行了过度的开发和利用，这就导致森林资源和生态环境遭到了破坏，也间接影响人类自身。因此，为了地球以及人类的可持续发展，保护森林，势在必行。

野性的热带雨林

在地球上，有这样一类地方：终年高温，降水充沛，到处是遮天蔽日的高大树木，生物种类非常丰富……你知道这是哪儿吗？答案就是热带雨林。

地球之肺

在众多森林类型中，热带雨林大概是最能担得起"地球之肺"美名的了。热带雨林拥有十分强大的气候调节能力和空气净化能力。有科学家认为，地球上超过30%的氧气都是由热带雨林代谢产生的。

📖 雨林也分层

热带雨林里的树木，从顶端到地面的垂直距离有近百米。阳光和雨水把雨林从高到低分成了几层，分别是露生层、树冠层、灌木层以及地面层，每一层都栖息着不同的生物。

📖 植物种类多

雨林里的树木大多是"大个子"，它们伸展着繁茂的树冠，享受着日光的沐浴，把天空遮挡得严严实实，阳光穿过缝隙洒到底层。雨林底层因为光照不充足而显得潮湿闷热，各种低矮的灌木、柔软的藤本植物以及像大王花这样的肉质寄生类草本植物都生活在这里。

动物狂想曲

在众多生态环境中，热带雨林的生物多样性可以排到前列。在这里，金刚鹦鹉拍打着羽翼，在树林间穿梭；长臂猿伸展着修长的手臂，在林冠中游荡；云豹则伏在树上，对它虎视眈眈；蝴蝶扑闪着绚丽夺目的鳞翅，绕着灌木翩翩起舞；大食蚁兽扒开白蚁的巢穴，探出又细又长的舌头大快朵颐；威武的山地大猩猩拍打着自己的胸脯；粗壮可怖的森蚺（rán）缠在树干上，不时吐着信子……

雨林里的人

什么？热带雨林里还住着人？没想到吧！事实上，这些土著居民世世代代在这里定居，他们的吃穿用度都取自热带雨林。但进入现代以后，先进文明严重冲击着这些土著人的日常生活，并产生了或好或坏的影响。

地球之肾——湿地

水与土的完美结合，创造出了独特的地理生态系统——湿地。多种多样的植物与千奇百怪的动物一起在这里生活。它们相依相伴，共同把湿地"建设"成了多姿多彩的生物乐园。

地球之肾

简单来说，湿地其实就是"泡在水中的陆地"。它不仅为 20% 的地球生物提供了栖息地，还可以调节局部气候、涵养水源、滞洪蓄洪、净化环境、降解污染物、保护环境等。就像我们的肾脏一样，湿地同样精通多个岗位的"工作"。

水生植物王国走一走

　　湿地植物多得数不清，不过，它们却有一个共同的名字"水生植物"。叶片狭长的香蒲，随风摇曳的芦苇，开着小白花的睡菜，优雅多姿的荇（xíng）菜……每一种水生植物都充满了灵动的美，自成风景。

"湿地居民"看一看

　　湿地环境好，很多动物都跑到这里安家落户。鱼儿、昆虫、爬行类、两栖类以及种类繁多的水鸟，都将湿地视为宜居的家园和驿站。寒来暑往，它们在此随水而居，繁衍后代，共同书写精彩的生命传奇。

荒蛮的沙漠

别看沙漠干旱少雨，贫瘠又荒凉，可这里并非是生命禁区。事实上，只有少部分沙漠寸草不生，绝大多数沙漠都有独特的生命存在。

极度干旱

大部分沙漠比较干旱，年降水量低于120毫米。尽管偶尔也会有短暂的雨水光顾，但基本都是暴雨，还没等土壤吸收，这些水分就直接蒸发掉了。有一些沙漠也会有雨季，可雨季一过，就几乎不再降一滴水。

模样大不同

不要以为沙漠除了沙丘就是松软的散沙。要知道，有些沙漠可是石质型的，除此之外，还有沙石混合型沙漠。著名的撒哈拉沙漠也只有五分之一的部分是沙地。

温差大

　　白天，沙漠像高温火炉，酷热难耐。夜晚，因为没有云层遮挡，热量很快就跑掉了，所以，沙漠又变得异常寒冷。

生命力顽强的植物

　　沙漠环境严苛，植物们要想在这里生存下来，必须能应对各种难题。风滚草借风传播种子，胡杨和沙柳靠发达的根系摄取地下水，仙人掌把叶子变成"细针"以减少水分蒸发，千岁兰用"叶子吸水器"和"根系抽水泵"练就了"不死之身"……真是"八仙过海，各显神通"！

小不点儿的生存智慧

　　昆虫、蝎子和蜘蛛是沙漠里数量最多的"居民"，这些小家伙绝大多数都能应对食物匮乏的情况。其中，蝎子、蜘蛛还拥有必杀技——毒素。它们不出手则已，一出手就会将猎物置于死地。

昼伏夜出才是王道

　　为了躲避炎炎烈日，老鼠、沙鼠、长鼻袋鼠等动物建起了"地下室"。白天，它们躲在凉爽的"地下室"休憩，只有夜晚才会出来活动，寻找种子或者其他可以果腹的美食。

自带能量储存库

广阔的沙漠十分荒凉，食物少得可怜，因此胃口比较大的哺乳动物经常会遇到"断水断粮"的难题。不过不用担心，它们的适应能力超乎我们的想象。例如，骆驼就配备了特殊的"食物背包"——驼峰。驼峰中储存着大量脂肪，可以支撑骆驼在沙漠中艰难跋涉，完成长距离旅行。

滑沙有一套

松软的沙地如同深不可测的沼泽，存在很多不可预知的危险，稍有不慎就会深陷其中。可这对动物们来说都是小菜一碟，因为它们都有独门绝技。沙漠角蝰以行云流水般的蛇形动作贴地而行，砂鱼蜥在黄沙中惬意地"游泳"，沙丘猫用脚上厚厚的肉垫贴着沙地轻盈地表演"走T台"……

冰原：极端环境

在地球的南北两端，存在着广袤的冰原。那里一年中的大部分时间都是漫长的寒冬，只在短暂的夏季到来时，冰冻的土壤才能稍微融化一点儿，长出几丝绿意。

冰天雪地

南北两极位于高纬度地区，全年气温基本都在0℃以下，所以终年被冰雪覆盖。因为极昼、极夜交替出现，这里每年几乎都有一半的时间处在漫长的黑暗之中。低温、阴冷、冰冻就是冰原的代名词。

植物们的夏天

当夏天悄悄来临时，冰原冻土的表层开始慢慢融化。冰原上那些低矮的地衣、苔藓和小型灌木仿佛突然被唤醒一般，纷纷你追我赶，冒出了头。而开花植物也不甘落后，开始疯狂生长，并以惊人的速度绽放出迷人的花朵。就这样，植物们在短暂的夏天结束前完成了一次生命绽放。

热闹的冰原世界

尽管冰原环境十分严苛，但它依然是很多动物生活的乐土。威武霸气的北极熊、身穿厚毛皮大衣的麝牛、争强好胜的海豹以及呆萌可爱的企鹅等，都是冰原世界的"原住民"，而各种鲸类、鸟类则是迁徙大军中的一分子，只有在夏季它们才会来此小住一段时间。

江河湖泊趣味多

除了无垠的海洋，地球上还存在一类特殊的水世界。它们模样不同，深浅不一，所聚集的生物有很大差别。你猜到了吗？它们就是江河湖泊。

漂呀漂

淡水环境养分充足，适宜藻类等浮游生物生存。于是，它们把这些水域变成了自己的家，不断生长和"扩张"。这就给蜉蝣等小昆虫们解决了温饱问题。还有一些特殊的藻类能适应极端环境。比如火烈鸟钟爱的食物——螺旋藻就能在盐碱湖泊中很好地生存。

大鱼吃小鱼，小鱼吃虾米

弱肉强食是自然界的生存法则，江河湖泊中的动物们也不例外。一些小鱼和蛙类平时靠搜罗各种浮游生物果腹，可是，它们本身又是一些大鱼以及鸬鹚等鸟儿的捕食目标。强中更有强中手，大鱼说不定什么时候又会被水獭、苍鹭、鳄鱼以及灰熊等更彪悍的家伙吃掉。

悲壮的洄游之旅

河流的故事有很多。为了繁殖后代，生长成熟的大麻哈鱼会成群地从海洋返回出生地淡水江河中。一路上，它们不仅需要逆流勇进，飞跃"瀑布"和险滩，还要努力躲过棕熊、灰狼等动物的围堵。直到抵达目的地成功产卵，它们也将耗尽最后一丝力气慢慢死去。

多姿多彩的海洋

海洋占整个地球表面积的三分之二以上。从炎热的赤道到寒冷的南北两极，从浅海到人类未曾涉足的幽深海底，海洋孕育着数不清的生命，维系着自然界的生态平衡。

生命的摇篮

海洋无疑是地球上大多数生物的乐园，这里的生物千奇百怪，它们有的"块头"很大，有的只有用显微镜才能瞧见，有的色彩绚烂迷人，有的模样却很丑陋，有的身怀绝技可以"单打独斗"，有的却非常胆小只能东躲西藏……据统计，海洋生物约有100万种，可是目前人类了解的不超过20%。还有很多更加奇妙的物种等着我们去探索、去发现。

各种各样的宝藏

海洋是一个神秘的"聚宝盆"，里面不仅藏着各种美味的海产，还储存着数不清的金属、矿产。随着科技的进步，人们用海洋生物研发出了医疗用品和药物，学会了利用潮汐、海浪、海流和海水温差制造清洁能源。

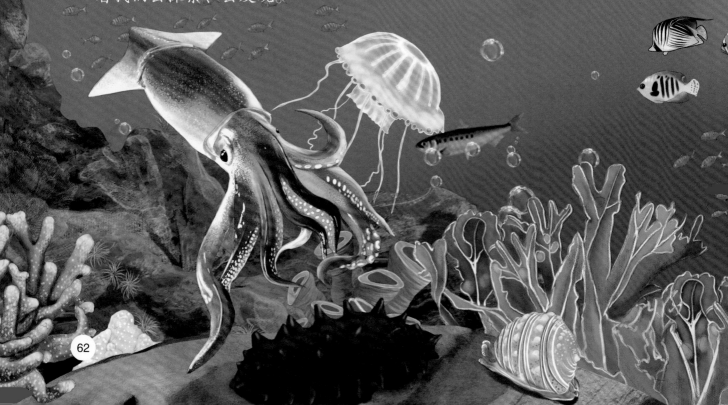

梦幻多姿的海洋美景

　　海洋是最杰出的"绘画大师"。它用汹涌澎湃的海水、松软洁净的沙滩和椰树环绕的海岛，勾勒出了一幅幅绝美的画卷。这些美景散落在不同的角落，点缀着蓝色的地球。每当我们徜徉其中，都会醉在心里。

滑坡与泥石流

地球是运动的，而许多对它来讲很微小的"动作"，都会给生活在地球上的生物带来重大影响。以滑坡和泥石流为例，它们就属于由地球的地质作用引发的灾害事件。

 ## 滚下来的"山坡"

哗啦啦的大雨虽然喂饱了农田里的庄稼，但对于山区，这种天气并不太友好。当降雨强度过大，雨水带动山区斜坡上的土石滚落下来，这就是滑坡灾害。除了强降雨，地下水的活动、河流冲刷、地震、人为因素等也会引发滑坡发生哟。

流动的灾难

泥石流是一种非常可怕的灾害。降水裹挟着大量泥沙、石块、树木、杂草等，变身特殊洪流从具有斜度的山体上，一股脑儿快速"流淌"下去，把山下的建筑、设施冲垮、掩埋，有着极强的破坏性。

怎么防范

从某种意义上讲，滑坡与泥石流都属于天灾，人力虽然很难制止它们发生，但可以很大程度上防范灾害。通常来讲，这两种天灾都发生在特定的地形，比如山体、斜坡等。在灾难发生前，往往会有一些预兆，比如听到山石发出奇怪的声音、动物表现异常等。

地面沉降和塌陷

你知道吗？很多地质灾害都不只是大自然惹的祸哟，人类其实在里面扮演了不光彩的"角色"。地面沉降与塌陷就是主要由人为因素引起的地质灾害。

 地面怎么下沉了？

新闻上有时会提到某个地方地面沉降的消息。那么什么是地面沉降呢？从字面理解，就是指平整的地面突然下沉的现象。发生地面沉降的地区可能是城市局部，也可是一定范围的较大区域。地震、海平面上升都会导致地面出现沉降，人类过度开采地下水也是诱因之一。

塌下去的地面

如果建筑物发出怪异的声响，附近的水井或泉眼水位猛然下降，突然变得浑浊甚至冒气，或是地面出现了环形的裂缝，那么就要注意啦，这里的地面即将陷落，发生"塌陷"现象。而这种灾害的发生，和人类活动密切相关。比如过量抽取地下水、用大功率设备震动地面、蓄水过多，等等，都是诱发"地陷"的重要因素。

土壤变"坏"了

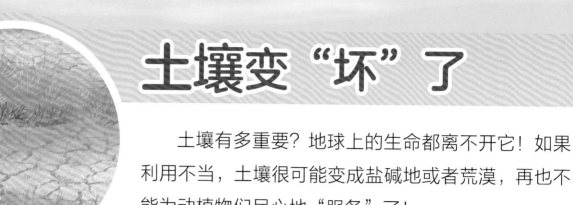

土壤有多重要？地球上的生命都离不开它！如果利用不当，土壤很可能变成盐碱地或者荒漠，再也不能为动植物们尽心地"服务"了！

生存根本

土壤中富含植物生长所需的营养物质和水分，而动物又依赖植物生存，所以健康的土壤是动植物的生存保障。除此之外，土壤在调节气候、降解循环以及过滤水质等方面都发挥着不可忽视的重要作用。

盐碱化

如果人们在耕作的过程中，不合理使用肥料，经常采取大水漫灌的灌溉方式，那么就会导致地下的盐分跑到地表。时间久了，盐分慢慢累积，土壤就染上了"盐碱病"。这样一来，农作物无法吸收营养和水分，抵抗力下降，就容易遭到虫子和病菌的毒手。

荒漠化

气候异常和人类的破坏，使部分土地逐渐退化，呈现出荒漠化的趋势。一直以来，荒漠化都被认为是地球的"癌症"。它不仅严重破坏土地资源，影响植物的生长，给农业生产带来很大损失，还会让动物们流离失所。

水土在流失

除了盐碱化和荒漠化，土地还面临着一个令人非常"头疼"的困扰——水土流失。那么水土流失究竟是怎么出现的？它有哪些可怕的危害呢？一起来看看吧！

谁惹的祸？

如果某个地方土质疏松，植被稀少，恰巧降雨又比较集中，那么就容易引发水土流失。不过与自然因素相比，人类活动才是引发水土流失的最主要因素。过度开发、过度放牧、毁林开荒、滥砍滥伐等行为都可能会让原本肥沃的土壤变得贫瘠起来。

📖 严重的后果

　　水土流失会损耗耕地土壤的"营养"，耕地面积会一点一点减少。此外，流失的土壤慢慢沉积，还有可能"占领"湖泊和水库，给它们制造大麻烦。如果河道被这些"不速之客"堵住，通航和泄洪能力也将受到影响。

📖 我们在行动

　　为了还地球肥沃的土壤，改善生态环境，我们应该认识到水土流失的危害。科学耕种，适当退耕还林还草，修筑一些水利工程，等等，都是解决水土流失的好办法。

71

患病的地球母亲

曾几何时，地球美丽多姿，可现如今，各种污染、环境问题纷至沓来，导致物种慢慢消失，原本迷人的风景也失去了往日的光彩。

 塑料垃圾

塑料垃圾在自然状态下分解速度异常缓慢，有的甚至需要上百年才能完全"消失"。

 污水

那些未经处理的污水和废水的最终归宿是大海和河流。水质被污染后，受害的不仅是动植物，还有我们人类自己。

📖 酸雨和有毒烟雾

汽车、飞机以及各种工厂每天都会制造大量废气和烟尘，这些物质被排放到空气中，不但会引起"雾霾"，还有可能形成酸雨，危害环境和我们的生命健康。

📖 海水酸化

人类"生产"出来的二氧化碳等温室气体，有一大部分会被广袤的海洋吸收。它们之间发生反应产生的碳酸，会改变海洋的酸碱度。这种改变对珊瑚等脆弱的海洋生物来说是致命的。

📖 光污染

什么？还有光污染？没错！其实我们每天都生活在光污染之中。光污染不仅危害人体健康，还会影响很多夜行动物的生活规律。一些夜间活动的鸟类因为炫目的灯光迷失方向，海龟惧怕强光不敢登岸产卵，更有一些"夜行侠"蝙蝠因为灯光而眼睛受伤……

📖 噪声污染

随着经济的发展，越来越多的机械、交通工具走进了我们的生活。这些东西在为我们提供便利的同时，也产生了或大或小的噪声。要知道，动物比人类更需要听力的"帮助"。它们平时大多依赖听力捕食、躲避敌害、寻找配偶……噪声的侵扰，会彻底打乱动物们的生活节奏，使它们的生存面临挑战。

核污染

　　核泄漏和核爆炸产生的核污染对生态的影响非常大。大到一座城市,小到一草一木,都有可能因核污染遭受毁灭性打击。自然界食物链被破坏,物种变异、消亡,生态失衡……每种危害产生的后果都是不可估量的。

保护地球，人人有责

地球是人类和动植物赖以生存的家园。我们每个人都应该行动起来，保护地球，其实，保护地球就是保护我们自己。

从点滴做起

保护地球，有大作为也有小行动。作为一个普通人，可以从点滴的小事做起：平时，大家应该养成不乱扔垃圾的好习惯，节约用水用电，减少使用一次性物品，尽量选择绿色出行方式，保护树木，爱惜花草……只要每个人都贡献自己的一份力量，那么这些小事也会给地球带来大改变。